INSTRUCTION

SUR LES

NOUVELLES MESURES

DE LONGUEUR, DE SURFACE ET DE SOLIDITÉ;

CONTENANT

La méthode de réduire ces différentes espèces de grandeur en mesures nouvelles;

AVEC

Plusieurs tables de comparaison, précédées des notions de calcul décimal, nécessaires pour faire facilement les réductions.

A CHAALONS,

Chez PINTEVILLE-BOUCHARD, Imprimeur de l'Administration centrale du Département de la Marne.

AN VIII DE LA RÉPUBLIQUE.

INSTRUCTION

NOUVELLES MESURES DE LONGUEUR,

DE SURFACE ET DE SOLIDITÉ.

On appelle *unité* dans un nombre, celle à laquelle on rapporte la chose que l'on exprime.

Le chiffre des unités est toujours accompagné d'une virgule à sa droite ; les *dixièmes* de l'unité occupent le premier rang à droite de la virgule ; ainsi 3,4 expriment trois *unités* et quatre *dixièmes* de cette unité : 0,4 expriment seulement quatre *dixièmes*.

Les *centièmes* d'unité occupent le second rang à droite de la virgule ; ainsi 3,46 expriment trois *unités*, quatre *dixièmes* six *centièmes* ; 0,06 expriment seulement six *centièmes*.

Les *millièmes* d'unité se placent au troisième rang à droite de la virgule ; 3,469 expriment trois *unités*, quatre *dixièmes*, six *centièmes*, neuf *millièmes*; 0,009 expriment seulement neuf *millièmes*, et ainsi de suite.

Les chiffres situés à droite de la virgule, expriment des parties de dix en dix fois plus petites que l'unité, qu'on a appelées *décimales*; elles remplacent, dans le nouveau système, les fractions à dénominateur, dont le calcul exigeait une théorie particulière.

Un chiffre quelconque d'un nombre exprime des unités dix fois plus grandes que celles du chiffre qui est immédiatement à sa droite, et dix fois plus petites que celles du chiffre qui est immédiatement à sa gauche; toute la numération des entiers et des décimales est fondée sur ce principe.

Donc, si un chiffre avance d'un, deux ou trois rangs vers la gauche, il exprime des unités dix fois, cent fois, mille fois plus grandes; et s'il s'avance d'un, deux ou trois rangs vers la droite, il exprime des unités dix fois, cent fois, mille fois plus petites.

Il suit de là que pour rendre un nombre cent fois plus grand, par exemple, il faudrait que tous ses chiffres s'avançassent de deux rangs vers la gauche ; or ce déplacement commun s'exécute facilement, en avançant la virgule de deux rangs vers la droite.

Ainsi, pour rendre cent fois plus grand le nombre 3,467, il faudrait écrire 346,7, puisqu'alors chaque chiffre exprimerait des valeurs cent fois plus grandes qu'auparavant; et si on voulait rendre mille fois plus petit le nombre 13769,8, il faudrait écrire 13,7698, parce qu'alors chaque chiffre exprimerait des valeurs mille fois plus petites qu'auparavant; par la même raison, pour prendre le dixième, le centième, le millième d'un nombre entier tel que 7864, il faudrait séparer un, deux ou trois chiffres sur la droite, et écrire ou 786,4, ou 78,64, ou enfin 7,864.

Manière d'énoncer les décimales.

Il faut énoncer la totalité des chiffres à droite de la virgule, comme si c'était un nombre ordinaire, et prononcer à la fin le nom de la dernière décimale ; ainsi, pour énoncer 0,469, au lieu de dire quatre dixièmes, six centièmes, neuf millièmes, on dira plus brièvement quatre cent soixante-neuf millièmes : cette manière est fondée sur ce que l'unité d'un chiffre quelconque en vaut dix du chiffre qui est à sa droite, ou cent de celui qui est plus avancé de deux rangs vers la droite, ou, *etc.*

Un nombre de décimales ne change pas de valeur, en mettant à sa suite autant de zéros qu'on voudra, parce qu'alors on prend, à la vérité, dix fois, cent fois, mille fois plus de parties, mais aussi la dénomination qu'on leur donne les rend dix fois, cent fois, mille fois plus petites ; il y a donc compensation.

Addition des nombres décimaux.

On écrira tous les nombres les uns au-dessous des autres, de manière que les décimales de même espèce se correspondent, et on fera l'opération comme sur des nombres entiers, parce que chaque dizaine de décimales d'un certain ordre compose une unité de l'ordre immédiatement à gauche ; et on aura soin de fixer dans la somme le chiffre des unités par une virgule.

Exemple.

Soient à ajouter les nombres 3,54 ; 12,089 ; 0,45 ; 0,004.

$$3,54$$
$$12,089$$
$$0,45$$
$$0,004$$

Somme..... 16,083.

Soustraction des nombres décimaux.

On écrira le nombre à retrancher au-dessous de l'autre, de manière que les chiffres de même ordre se correspondent ; on mettra à la suite de celui qui a le moins de chiffres décimaux autant de zéros qu'il sera nécessaire pour qu'il en ait autant que l'autre ; on fera la soustraction sans avoir égard aux virgules, et on aura soin d'accompagner d'une virgule le reste des unités.

Exemple.

Soit à soustraire 29,624, de 347,5.

$$347,500$$
$$29,624$$

Reste..... 317,876.

Multiplication des nombres décimaux.

Cette opération se fait en multipliant les deux nombres sans avoir égard aux virgules, et en séparant, sur la droite du produit, autant de chiffres qu'il y a de chiffres décimaux tant dans l'un des nombres que dans l'autre.

Exemple.

Multiplier 3,48 par 2,3.

$$348$$
$$23$$

Produit..... 8004 que je change en 8,004.

En effet, ayant rendu le premier nombre cent fois trop grand et le second dix fois trop grand, le produit 8004 est cent fois, dix fois ou mille fois trop grand ; il faut donc le rendre mille fois plus petit, ce qui se fait en séparant trois chiffres sur la droite.

Soit encore 0,003 à multiplier par 0,017.

$$3$$
$$17$$

Produit..... 51 que je change en 0,00051.

Division des nombres décimaux.

Pour diviser deux nombres décimaux l'un par l'autre, on mettra à la suite du dividende autant de zéros qu'il sera nécessaire pour que le nombre de ses chiffres décimaux excède le nombre des chiffres décimaux du diviseur du nombre de décimales qu'on veut avoir au quotient ; on fera ensuite la division sans avoir égard aux virgules, et on séparera, sur la droite du quotient, autant de chiffres qu'il devait avoir de décimales.

Exemple.

Diviser 4,374 par 3,2 et trouver trois décimales au quotient.

$$43740 \left\{ \begin{array}{l} 32 \\ \overline{} \\ 1366 \end{array} \right. \text{que je change en 1,366.}$$

En effet le dividende employé 43740 étant dix mille fois plus grand que 4,374, le quotient est à raison de ce changement dix mille fois trop grand ; le diviseur 32 qu'on a substitué à 3,2 étant dix fois plus grand que celui-ci, rend le quotient dix fois trop petit : il faut donc rendre le quotient 1366 d'abord dix mille fois plus petit et ensuite dix fois plus grand, c'est-à-dire mille fois plus petit, on écrira 1,366.

Moyen de réduire une fraction en décimales.

On mettra à la suite du numérateur autant de zéros qu'on voudra avoir de chiffres décimaux dans la nouvelle expression de la fraction ; on divisera le numérateur ainsi préparé par le dénominateur, et on séparera, sur la droite du quotient, autant de chiffres qu'on aura ajouté de zéros à la suite du numérateur ; ce quotient sera la valeur de la fraction.

Exemple.

Soit $\frac{3}{4}$ à réduire en décimales, je divise 300 par 4 ; je trouve 75 que je change en 0,75.

Pour convertir 4 pieds 9 pouces en décimales de la toise, je réduis tout en pouces, et j'ai 57 pouces que je divise par 72, parce qu'il faut 72 pouces pour une toise ; et pour exécuter la division, je mets à la suite de 57 autant de zéros que je veux de décimales au quotient, et je trouve que 4 pieds 9 pouces valent 0,79 $\overset{\text{Toise.}}{}$.

Pour convertir 12 sous 9 deniers en décimales de la livre, il faut réduire tout en deniers, ce qui donne 153 deniers, mettre à la suite de 153 quelques zéros, et diviser par 240, qui est le nombre de deniers contenus dans une livre : on séparera sur la droite du quotient autant de chiffres qu'on aura mis de zéros, et on trouvera que 12 sous 9 deniers valent 0,637 $\overset{\text{Livre.}}{}$.

Pour évaluer, sans écrire, en sous et deniers une fraction décimale de la livre, doublez le chiffre des dixièmes, et ajoutez-y une unité si le second chiffre excède 5, et vous aurez le nombre de sous : ôtez 5 du second chiffre, doublez le reste et ajoutez-y une unité si ce double excède 5, vous aurez les deniers, et comptez un nombre de cinquièmes égal au reste du double du second chiffre. C'est ainsi qu'on trouvera que 0,59 valent 11 ^{sous} 9 $^{\text{den.}}$ $\frac{3}{5}$ $\overset{\text{Livre.}}{}$.

Pour évaluer en pieds et pouces, *etc.*, une fraction décimale de la toise, multipliez les décimales de la toise par 6, vous aurez des pieds et des décimales de pied ; multipliez les décimales de pied par 12, vous aurez des pouces et des décimales de pouce ; et ainsi de suite.

NOTIONS

SUR LES NOUVELLES MESURES.

Toutes les nouvelles mesures dérivent de la longueur du quart du méridien terrestre, qui, par la mesure d'un arc d'environ 10 degrés entre *Dunkerque* et *Barcelonne*, a été conclue de 30794580 pieds.

Le Mètre

	Pieds.		Toises.	pieds.	pouc.	lignes.
Le *Mètre* est la 10000000.e partie du quart du méridien, et vaut, par conséquent.............	3,0794580	ou	0	3	0	11 $\frac{44}{100}$.e
Le *Décimètre* est la 10.e partie du mètre, et vaut.................	0,3079458	ou	0	0	3	8 $\frac{34}{100}$.e
Le *Centimètre* est la 10.e partie du décimètre, ou la 100.e partie du mètre, et vaut...............	0,0307946	ou	0	0	0	4 $\frac{43}{100}$.e
Le *Millimètre* est la 10.e partie du centimètre, ou la 1000.e partie du mètre, et vaut...............	0,0030795	ou	0	0	0	0 $\frac{44}{100}$.e
Le *Décamètre* vaut 10 mètres, ou	30,79458	ou	5	0	9	6 $\frac{42}{100}$.e
L'*Hectomètre* vaut 10 décamètres, ou 100 mètres, ou...........	307,9458	ou	51	1	11	4 $\frac{2}{100}$.e
Le *Kilomètre* vaut 10 hectomètres, ou 1000 mètres, ou	3079,458	ou	513	1	5	6
Le *Myriamètre* vaut 10 Kilomètres, ou 10000 mètres, ou..........	30794,58	ou 5,132	2	6	11	$\frac{52}{100}$.e

Moyen de réduire un nombre de toises en mètres.

Multipliez le nombre de toises par 1,95048, qui est la valeur d'une toise en mètres.

Exemple. Réduire 47 toises en mètres. Je multiplie 1,95048 par 47, et je trouve 91,67256.^{mr.}

Moyen de réduire un nombre de pieds en mètres.

Multipliez le nombre de pieds par 0,32508, qui est la valeur du pied en mètre.

Exemple.

Réduire 35 pieds en mètres. L'opération prescrite donne 11,3778.^{mt.}

Moyen de réduire un nombre de pouces en mètres.

Multipliez le nombre de pouces par 0,02709, qui est la valeur du pouce en mètres.

B

Exemple. Réduire 7 pouces en mètre. L'opération faite, on trouve 0,18963 mt.

Moyen de réduire un nombre de mètres en toises.

Multipliez le nombre de mètres par 0,513243, qui est la valeur d'un mètre en toise.

Exemple. Réduire 251 mètres en toises. L'opération donne 128,824 Toises, ou 128 Tois. 4 pieds 11 pouc. 3 lign.

Moyen de réduire un nombre de mètres en pieds.

Multipliez le nombre de mètres par 3,079458, qui est la valeur du mètre en pieds.

Exemple. Réduire 14 mètres en pieds : l'operation faite on a 43,112413 Pieds ou 43 pieds 1 pouce 4 lignes.

Moyen de réduire un nombre de mètres en pouces.

Multipliez le nombre de mètres par 36,9535, qui est la valeur du mètre en pouces.

TABLE.

Pour trouver le prix du *Mètre* courant par le prix de la Toise.				Pour trouver le prix de la *Toise* courante par le prix du Mètre.			
La Toise valant	Le Mètre vaut	La Toise valant	Le Mètre vaut	Le Mètre valant	La Toise vaut	Le Mètre valant	La Toise vaut
sous.	fr.	sous.	fr.	sous.	fr.	sous.	fr.
1	0,02	16	0,41	1	0,10	16	1,56
2	0,05	17	0,43	2	0,19	17	1,66
3	0,07	18	0,46	3	0,29	18	1,75
4	0,10	19	0,49	4	0,39	19	1,85
5	0,13	1 fr.	0,51	5	0,49	1 fr.	',95
6	0,15	2	1,02	6	0,58	2	3,90
7	0,18	3	1,54	7	0,68	3	5,85
8	0,20	4	2,05	8	0,78	4	7,80
9	0,22	5	2,56	9	0,88	5	9,75
10	0,26	6	3,08	10	0,97	6	11,70
11	0,28	7	3,59	11	1,07	7	13,85
12	0,31	8	4,10	12	1,17	8	15,60
13	0,33	9	4,61	13	1,27	9	17,55
14	0,36	10	5,13	14	1,36	10	19,50
15	0,38	100	51,3	15	1,47	100	195,0

TABLE.

Pour trouver le prix du *Mètre* par le prix du Pied.				Pour trouver le Prix du *Pied* par le prix du Mètre.			
Le PIED valant	Le MÈTRE vaut	Le PIED valant	Le MÈTRE vaut	Le MÈTRE valant	Le PIED vaut	Le MÈTRE valant	Le PIED vaut
sous.	fr.	sous.	fr.	sous.	fr.	sous.	fr.
1	0,15	17	2,62	1	0,02	17	0,27
2	0,31	18	2,77	2	0,03	18	0,29
3	0,46	19	2,93	3	0,05	19	0,31
4	0,62	1 fr.	3,08	4	0,06	1 fr.	0,32
5	0,77	2	6,16	5	0,08	2	0,61
6	0,92	3	9,24	6	0,09	3	0,97
7	1,08	4	12,32	7	0,11	4	1,30
8	1,23	5	15,40	8	0,13	5	1,66
9	1,39	6	18,47	9	0,15	6	1,95
10	1,54	7	21,55	10	0,16	7	2,31
11	1,69	8	24,63	11	0,18	8	2,60
12	1,85	9	27,71	12	0,19	9	2,92
13	2,00	10	30,79	13	0,21	10	3,26
14	2,16	100	307,94	14	0,22	100	32,61
15	2,31	1000	3079,45	15	0,24	1000	326,08
16	2,46			16	0,26		

Moyen de réduire un nombre d'aunes en mètres.

Multipliez le nombre d'aunes par 1,188 qui est la valeur de l'aune en mètres.

Exemple.

Réduire 23 aunes $\frac{3}{4}$ en mètres, je multiplie 1,188 par 23,

mètres.

et j'ai.. 27,324

Pour $\frac{3}{4}$ je prends la moitié et le quart de 1,188, ce qui

donne... 0,594

0,297

Total...................... 28,215.

Moyen de réduire un nombre de mètres en aunes.

Multipliez le nombre de mètres par 0,8417 qui est la valeur du mètre en aune.

Exemple.

23,5 ; je les multiplie par 0,8417, et j'ai 19,77995, ou 19 aun. ¾.

TABLE

Servant à trouver le prix du *Mètre* par le prix de l'Aune.				Servant à trouver le prix de *l'Aune* par celui du Mètre.			
L'AUNE valant	Le MÈTRE vaut	L'AUNE valant	Le MÈTRE vaut	Le MÈTRE valant	L'AUNE vaut	Le MÈTRE valant	L'AUNE vaut
sous.	fr.	sous.	fr.	sous.	fr.	sous.	fr.
1	0,04	17	0,71	1	0,06	17	1,01
2	0,08	18	0,76	2	0,12	18	1,07
3	0,12	19	0,80	3	0,18	19	1,13
4	0,17	1ᶠʳ.	0,84	4	0,24	1ᶠʳ.	1,19
5	0,21	2	1,68	5	0,30	2	2,38
6	0,25	3	2,52	6	0,36	3	3,56
7	0,29	4	3,37	7	0,41	4	4,75
8	0,34	5	4,21	8	0,47	5	5,94
9	0,38	6	5,05	9	0,53	6	7,13
10	0,42	7	5,89	10	0,59	7	8,32
11	0,46	8	6,73	11	0,65	8	9,50
12	0,50	9	7,57	12	0,71	9	10,70
13	0,55	10	8,42	13	0,77	10	11,88
14	0,59	100	84,17	14	0,83	100	118,80
15	0,63	1000	841,71	15	0,89	1000	1188,05
16	0,67			16	0,95		

MESURE DES TERRAINS.

L'UNITÉ des mesures agraires est l'*are* qui a cent mètres de long sur un de large, ou dix mètres en longueur et dix mètres en largeur, et vaut cent mètres quarrés.

L'*hectare* vaut cent ares ; c'est une surface de cent mètres en longueur sur cent mètres en largeur : il vaut dix mille mètres quarrés.

Le *centiare* est la centième partie de l'are ; c'est une surface d'un mètre en longueur sur un mètre de largeur.

L'expression agraire d'une surface ne renferme que des *hectares*, des *ares* et des *centiares*.

Pour mesurer un terrain, l'arpenteur se procurera une chaîne de dix mètres, divisée en mètres et décimètres : il multipliera la longueur par la largeur évaluées en mètres et décimètres ; il négligera les parties décimales du produit, comptera les deux premiers chiffres à droite pour des centiares, les deux suivans pour des ares, et le reste pour des hectares.

Il y a dans le département de la Marne dix-huit espèces de perches en usage, savoir :

centiares.

N° 1. La perche de 8 pieds de 12 pouces, qui vaut...... 6,749.
N° 2. Celle de 8 pieds 2 pouces, le pied de 12 pouces, valant. 7,033.
N° 3. Celle de 8 pieds 4 pouces, de 12 pouces, ou celle de 100 pouces, valant........................... 7,323.
N° 4. Celle de 10 pieds de 12 pouces, valant......... 10,545.
N° 5. Celle de 20 pieds de 10 pouces, valant.......... 29,3.
N° 6. Celle de 20 pieds de 10 pouces $\frac{2}{5}$, valant....... 31,674.
N° 7. Celle de 19 pieds de 11 pouces, valant.......... 31,994.
N° 8. Celle de 19 pieds et $\frac{1}{3}$ de 11 pouces, valant..... 33,700.
N° 9. Celle de 22 pieds de 10 pouces, valant......... 35,44.
N° 10. Celle de 20 pieds 2 pouces, de 11 pouces, valant. 36,097.
N° 11. Celle de 24 pieds de 10 pouces, valant......... 42,2.
N° 12. Celle de 22 pieds de 11 pouces, valant......... 42,895.
N° 13. Celle de 20 pieds 3 pouces, de 12 pouces, valant. 43,242.
N° 14. Celle de 22 pieds $\frac{1}{2}$ de 11 pouces, valant....... 44,867.
N° 15. Celle de 24 pieds de 10 pouces $\frac{2}{5}$, valant....... 45,6.
N° 16. Celle de 22 pieds de 11 pouces $\frac{1}{3}$, valant....... 46,97.
N° 17. Celle de 22 pieds de 11 pouces $\frac{2}{3}$, valant....... 48,239.
N° 18. Celle de 22 pieds de 12 pouces, valant........ 51,040.

Moyen de réduire en nouvelles mesures une étendue évaluée en arpens, journels ou fauchées, verges ou perches.

Il faut réduire le tout en perches, et multiplier le produit par la valeur de la perche du canton.

Exemple.

Soit proposé de réduire 6 arpens, 5 danrées, 5o perches; la perche étant celle du N.º 3; la danrée valant 8o perches, et l'arpent 9 danrées; je réduis tout en perches, et j'ai 477o perches que je multiplie par 7, 323 : le produit est 34930,7 ou 3 hectares 49 ares 31 centis.

	perches ou verges	perches ou verges.
	14,72 de l'espèce du N.º 1.	2,76 de l'espèce du N.º 10.
	14,o8......... du N.º 2.	2,36......... du N.º 11.
	13,69......... du N.º 3.	2,33......... du N.º 12.
Un are vaut	9,52......... du N.º 4.	2,31......... du N.º 13.
	3,41......... du N.º 5.	2,23......... du N.º 14.
	3,15......... du N.º 6.	2,22......... du N.º 15.
	2,97......... du N.º 7.	2,13......... du N.º 16.
	2,82......... du N.º 8.	2,07......... du N.º 17.
	2,77......... du N.º 9.	1,95......... du N.º 18.

Moyen de réduire une étendue évaluée en hectares, ares et centiares, à être exprimée en perches d'un des 18 numéros.

Multipliez le nombre qui répond au N.º de la perche par le nombre des hectares, et supprimez la virgule, ce qui vous donnera une première somme.

Multipliez le même nombre par le nombre des ares, ce qui donnera une seconde somme.

Enfin, multipliez le même nombre par le nombre des centiares, et séparez deux chiffres de plus; ajoutez les trois sommes, et vous aurez le nombre des perches.

Ex. -- Réduire en perches du N.º 3, 7 hectares 12 ares 58 centiares :
Je multiplie 13,69 par 7, et j'ai, en supprimant la

virgule...................................... 9583, perches.

Je multiplie 13,69 par 12, j'ai.................. 164,28

Je multiplie 13,69 par 58 ; je sépare quatre chiffres,

et j'ai... 7,9402

Total................... 9755,2202. perch.

ou 9755 perches.

TABLE

*Pour trouver le prix de l'*Are *par le prix de la* Perche, *et le prix de la* Perche *par celui de l'*Are.

(N.º 1.)

La Perche valant fr.	l'Are vaut fr.	le Centiare vaut fr.	L'Are valant fr.	la Perche vaut fr.
1	14,72	0,15	1	0,07
2	29,44	0,29	2	0,14
3	44,16	0,44	3	0,21
4	58,88	0,59	4	0,27
5	73,60	0,74	5	0,34
10	147,2	1,47	10	0,68
100	1472,	14,72	100	6,8

(N.º 2.)

La Perche valant	l'Are vaut	le Centiare vaut	L'Are valant	la Perche vaut
1	14,08	0,14	1	0,07
2	28,16	0,28	2	0,14
3	42,24	0,42	3	0,21
4	56,32	0,56	4	0,28
5	70,40	0,70	5	0,35
10	140,8	1,41	10	0,71
100	1408,0	14,08	100	7,1

(N.° 3.)

La PERCHE valant fr.	l'ARE vaut fr.	le CENTIARE vaut fr.	L'ARE valant fr.	la PERCHE vaut fr.
1	13,69	0,14	1	0,07
2	27,38	0,27	2	0,15
3	41,07	0,41	3	0,22
4	54,76	0,55	4	0,29
5	68,45	0,68	5	0,36
10	136,90	1,37	10	0,73
100	1369,	13,69	100	7,32

(N.° 4.)

La PERCHE valant fr.	l'ARE vaut fr.	le CENTIARE vaut fr.	L'ARE valant fr.	la PERCHE vaut fr.
1	9,52	0,10	1	0,10
2	19,04	0,19	2	0,21
3	28,56	0,28	3	0,31
4	38,08	0,38	4	0,42
5	47,60	0,48	5	0,53
10	95,20	0,95	10	1,05
100	952,	9,52	100	10,54.

(N.° 5.)

La PERCHE valant fr.	l'ARE vaut fr.	le CENTIARE vaut fr.	L'ARE valant fr.	la PERCHE vaut fr.
1	3,41	0,03	1	0,29
2	6,82	0,07	2	0,59
3	10,23	0,10	3	0,88
4	13,64	0,14	4	1,18
5	17,05	0,17	5	1,47
10	34,10	0,34	10	2,94
100	341,	3,41	100	29,43

(N.° 6.)

La PERCHE valant fr.	l'ARE vaut fr.	le CENTIARE vaut fr.	L'ARE valant fr.	la PERCHE vaut fr.
1	3,15	0,03	1	0,32
2	6,30	0,06	2	0,63
3	9,45	0,09	3	0,95
4	12,60	0,13	4	1,27
5	15,75	0,16	5	1,58
10	31,5	0,31	10	3,17
100	315,	3,15	100	31,68

N.° 7.

(N.º 7.)

La Perche valant fr.	l'Are vaut fr.	le Centiare vaut fr.	L'Are valant fr.	la Perche vaut fr.
1	2.97	0,03	1	0,32
2	5,94	0,06	2	0,64
3	8,91	0,09	3	0,96
4	11,88	0,12	4	1,28
5	14,85	0,15	5	1,60
10	29,70	0,30	10	3,20
100	297,00	2,97	100	32,0

(N.º 8.)

La Perche valant fr.	l'Are vaut fr.	le Centiare vaut fr.	L'Are valant fr.	la Perche vaut fr.
1	2,82	0,03	1	0,03
2	5,64	0,06	2	0,07
3	8,46	0,08	3	0,10
4	11,28	0,11	4	0,13
5	14,10	0,14	5	0,17
10	28,20	0,28	10	0,34
100	282,00	2,82	100	3,37

(N.º 9.)

La Perche valant fr.	l'Are vaut fr.	le Centiare vaut fr.	L'Are valant fr.	la Perche vaut fr.
1	2,77	0,03	1	0,03
2	5,54	0,05	2	0,07
3	8,31	0,08	3	0,11
4	11,08	0,11	4	0,14
5	13,85	0,14	5	0,16
10	27,7	0,28	10	0,35
100	277,0	2,77	100	3,52

(N.º 10.)

La Perche valant fr.	l'Are vaut fr.	le Centiare vaut fr.	L'Are valant fr.	la Perche vaut fr.
1	2,76	0,03	1	0,04
2	5,52	0,05	2	0,07
3	8,28	0,08	3	0,11
4	11,04	0,11	4	0,14
5	13,80	0,14	5	0,18
10	27,60	0,28	10	0,36
100	276,0	2,76	100	3,60

C

(N.° 11.)

La PERCHE valant fr.	l'ARE vaut fr.	le CENTIARE vaut fr.	L'ARE valant fr.	la PERCHE vaut fr.
1	2,36	0,02	1	0,04
2	4,72	0,05	2	0,08
3	7,08	0,07	3	0,12
4	9,44	0,09	4	0,17
5	11,80	0,12	5	0,21
10	23,60	0,24	10	0,42
100	236,00	2,36	100	4,22

(N.° 12.)

La PERCHE valant	l'ARE vaut	le CENTIARE vaut	L'ARE valant	la PERCHE vaut
1	2,33	0,02	1	0,04
2	4,66	0,05	2	0,08
3	6,99	0,07	3	0,13
4	9,32	0,09	4	0,17
5	11,65	0,12	5	0,21
10	23,30	0,24	10	0,43
100	233,00	2,33	100	4,29

(N.° 13.)

La PERCHE valant	l'ARE vaut	le CENTIARE vaut	L'ARE valant	la PERCHE vaut
1	2,31	0,02	1	0,04
2	4,62	0,05	2	0,09
3	6,93	0,07	3	0,13
4	9,24	0,09	4	0,17
5	11,15	0,11	5	0,21
10	23,10	0,23	10	0,43
100	231,0	2,31	100	4,32

(N.° 14.)

La PERCHE valant	l'ARE vaut	le CENTIARE vaut	L'ARE valant	la PERCHE vaut
1	2,23	0,02	1	0,04
2	4,46	0,04	2	0,09
3	6,69	0,07	3	0,13
4	8,92	0,09	4	0,18
5	11,15	0,11	5	0,22
10	22,3	0,22	10	0,45
100	223,0	2,23	100	4,49

(N.º 15.)

La PERCHE valant fr.	l'ARE vaut fr.	le CENTIARE vaut fr.	L'ARE valant fr.	la PERCHE vaut fr.
1	2,22	0,02	1	0,04
2	4,44	0,04	2	0,09
3	6,66	0,07	3	0,13
4	8,88	0,09	4	0,18
5	11,10	0,11	5	0,23
10	22,20	0,22	10	0,45
100	222,0	2,22	100	4,56

(N.º 16.)

1	2,13	0,02	1	0,05
2	4,26	0,04	2	0,09
3	6,39	0,06	3	0,14
4	8,52	0,08	4	0,19
5	10,65	0,11	5	0,23
10	21,30	0,21	10	0,47
100	213,0	2,13	100	4,69

(N.º 17.)

1	2,07	0,02	1	0,05
2	4,14	0,04	2	0,10
3	6,21	0,06	3	0,14
4	8,28	0,08	4	0,19
5	10,35	0,10	5	0,24
10	20,70	0,21	10	0,48
100	207,0	2,07	100	4,82

(N.º 18.)

1	1,95	0,02	1	0,05
2	3,90	0,04	2	0,10
3	5,85	0,06	3	0,15
4	7,80	0,08	4	0,20
5	9,75	0,10	5	0,25
10	19,50	0,19	10	0,51
100	195,0	1,95	100	5,10

MESURE DES SURFACES.

Les surfaces s'évalueront en mètres quarrés, dixièmes de mètre quarré, centièmes de mètre quarré. Après avoir mesuré les deux dimensions en mètres et décimètres, on les multipliera l'une par l'autre ; le nombre à gauche de la virgule exprimera des mètres quarrés ; le premier chiffre à droite de la virgule, des dixièmes de mètre quarré, c'est-à-dire, des surfaces d'un mètre de long sur un décimètre de large ; le second chiffre à droite de la virgule exprimera des centièmes de mètre quarré, ou des surfaces d'un mètre de long sur un centimètre de large : on pourra négliger les suivans.

Exemple.

Soit une surface de 14,21 sur 12,34, l'opération faite, on trouvera 175,3514, ou 175,35.

Moyen de réduire un certain nombre de toises quarrées en mètres quarrés.

Multipliez le nombre de toises quarrées par 3,7962 qui est la valeur de la toise quarrée en mètres quarrés.

Toise-pied que les ouvriers appellent pied.

	m. q.
1 vaut...........	0,6327.
2 valent.........	1,2654.
3	1,8981.
4	2,5308.
5	3,1635.

Toise-pouce.

	m. q.
1 vaut...........	0,05273.
2 valent.........	0,10546.

Suite de la toise-pouce.

	m. q.
3 valent.........	0,15819.
4	0,21092.
5	0,26365.
6	0,31638.
7	0,36911.
8	0,42184.
9	0,47457.
10	0,527300.
11	0,58003.

Ainsi, si on voulait réduire 16 toises-toise 5 toises-pied 7 toises-pouce en mètres

quarrés, on multiplierait 3,7962 par 16, et on trouverait. 60,7392 mt. q.

Pour 5 toises-pied........................... 3,1635

Pour 7 toises-pouce......................... 0,3691

Total............ 64,2718.

Moyen de réduire 12,3 mt. q. *en toises quarrées, toises-pied,*
toises-pouce.

Le mètre quarré valant 0 toise-to. 1 toise-pd. 6 toises-peu. 11 toises-lig. 7 toise-poi.,

je multiplie cette valeur par 12, et j'ai...... TT. 3   t. pds. 0   t. po. 11   t. li. 7

Je prends pour 0,3 le cinquième de la même
valeur, et la moitié de ce cinquième, ce qui
donne.. 0   0   3   9   6.

                                  0   0   1   10   9

Total......... TT. 3   t. pds. 1   t. po. 5   t. li. 3   t. pt. 3.

Moyen de réduire un nombre de pieds quarrés en mètres
quarrés.

Multipliez le nombre de pieds quarrés par 0,10545 qui est la valeur
du pied quarré en mètre quarré.

Soit 123 pi.-pi. à réduire en mètres quarrés, l'opération faite, on
trouvera 12,97 mt.

Moyen de réduire un nombre de mètres quarrés en pieds
quarrés.

Multipliez le nombre de mètres quarrés par 9,48

Exemple.

Soit 15 mt. qua. à réduire en pieds quarrés, on trouve 142,20 PP.ds.

Moyen de réduire un certain nombre d'aunes quarrées en
mètres quarrés.

Multipliez le nombre d'aunes quarrées par 1,4115 qui est la valeur
de l'aune quarrée en mètres quarrés.

Moyen de réduire un nombre de mètres quarrés en aunes quarrées.

Multipliez le nombre de mètres quarrés par 0,708 qui est la valeur du mètre quarré en aunes quarrées.

TABLE

Servant à trouver le prix du *mètre quarré* par celui de la *toise quarrée.*				Servant à trouver le prix de la *toise quarrée* par celui du mètre quarré.			
La T. T. valant	Le Mt. Qu. vaut	La T.-T. valant	Le Mt. Qu. vaut	Le M. Q. valant	La Tois. Qu. vaut	Le M. Q. valant	La Tois. Qu. vaut
fr.	fr.	fr.	fr.	fr.	fr.	fr.	fr.
1	0,26	7	1,84	1	3,80	7	26,57
2	0,53	8	2,11	2	7,59	8	30,37
3	0,79	9	2,37	3	11,39	9	34,16
4	1,05	10	2,63	4	15,18	10	37,96
5	1,42	100	26,34	5	18,98	100	379,62
6	1,63	1000	263,42	6	22,78	1000	3796,2

TABLE

Pour trouver le prix de l'*aune quarrée* par celui du mètre quarré.				Pour trouver le prix du *mètre quarré* par celui de l'aune quarrée.			
Le M. Q. valant	L'Aune quarrée vaut	Le M. Q. valant	L'Aune quarrée vaut	L'Au. Q. valant	Le Mt. quar. vaut	L'Au. Q. valant	Le Mt. quar. vaut
fr.	fr.	fr.	fr.	fr.	fr.	fr.	fr.
1	1,41	7	9,88	1	0,71	7	4,96
2	2,82	8	11,29	2	1,42	8	5,66
3	4,23	9	12,70	3	2,12	9	6,37
4	5,64	10	14,11	4	2,83	10	7,08
5	7,06	100	141,15	5	3,54	100	70,80
6	8,47	1000	1411,5	6	4,25	1000	708,00

MESURE DES SOLIDITÉS.

L'unité de mesure des solidités est le mètre cube.

Pour trouver la solidité d'un corps, on mesurera ses trois dimensions en mètres, décimètres, centimètres, on multipliera le produit de deux dimensions par la troisième; les chiffres à gauche de la virgule exprimeront des mètres cubes; le premier chiffre à droite, des dixièmes de mètre cube ou des mètres quarrés décimètres; le second chiffre à droite, des centièmes de mètres cubes, ou des mètres quarrés centimètres, et ainsi de suite.

	mt. cub.
1 Toise cube vaut en mètres cubes.....	7,3966.
1 toise-toise-pied vaut.	1,2327.
2 valent	2,4654.
3	3,6981.
4	4,9308.
5	6,1635.
1 TToise-pouce vaut..	0,1027,
2 valent...........	0,2054.
3	0,3081.

Suite de la toise-toise-pouce.

	mt. cub.
4 valent...........	0,4108.
5	0,5135.
6	0,6162.
7	0,7189.
8	0,8216.
9	0,9243.
10	1,027.
11	1,1297.

Moyen de réduire 20 $^{TTT.}$ 5 $^{tt. pi.}$ 8 $^{tt. po.}$ *en mètres cubes.*

Multipliez 7,3966 par 20........................	147,932
Pour 5 $^{tt.pds.}$	6,163
Pour 8 $^{tt. pou.}$	1,822

	mt. cub.
Total...............	155,917.

Moyen de réduire un nombre de pieds cubes en mètres cubes.

Multipliez le nombre de pieds cubes par 0,034243 qui est la valeur du pied cube en mètres cubes.

Exemple:

Soit 143 pieds cubes à réduire en mètres cubes, l'opération donne
4,89489, ou, à très-peu près, 4,9.

Moyen de réduire un nombre de mètres cubes en toises cubes.

Multipliez le nombre de mètres cubes par 0,1352 qui est la valeur du mètre cube en toises cubes.

Soit 24,3 à réduire en toises cubes, l'opération donne 3,28536, ou 3 TTT. 1 tt. pds. 8 tt. po.

Moyen de réduire un nombre de mètres cubes en pieds cubes.

Multipliez le nombre de mètres cubes, par 29,2032, ou par 29,2, si le nombre des mètres cubes n'est pas considérable.

Soit 15,3 à réduire en pieds cubes, l'opération donne 446,76, ou 446,109.

TABLE

Pour trouver le prix du *mètre cube* par celui de la toise cube.				Pour trouver le prix de la *toise cube* par celui du mètre cube.			
La T. C. valant	Le Mt. cub. vaut	La T. C. valant	Le Mt. cub. vaut	Le M. C. valant	La To. cub. vaut	Le M. C. valant	La To. cub. vaut
fr.	fr.	fr.	fr.	fr.	fr.	fr.	fr.
1	0,13	7	0,95	1	7,40	7	51,78
2	0,27	8	1,08	2	14,79	8	59,17
3	0,40	9	1,22	3	22,19	9	66,57
4	0,54	10	1,35	4	29,59	10	73,97
5	0,68	100	13,52	5	36,98	100	739,66
6	0,81	1000	135,20	6	44,38	1000	7396,6

TABLE

TABLE

Pour trouver le prix du *mètre cube* par celui du pied cube.				Pour trouver le prix du *pied cube* Par celui du mètre cube.	
Le Pi. C. valant	Le Mr. cub. vaut	Le Pi. C. valant	Le Mt. cub. vaut	Le Mètre cube valant	Le Pied cube vaut
sous	fr.	sous.	fr.	fr.	fr.
1	1,46	17	24,82	1	0,03
2	2,92	18	26,28	2	0,07
3	4,38	19	27,74	3	0,10
4	5,84	1^{fr}	29,20	4	0,14
5	7,30	2	58,41	5	0,17
6	8,76	3	87,61	6	0,20
7	10,22	4	116,81	7	0,24
8	11,68	5	146,01	8	0,27
9	13,14	6	175,22	9	0,31
10	14,60	7	204,42	10	0,34
11	16,06	8	233,62	100	3,42
12	17,52	9	262,83	1000	34,24
13	18,98	10	292,03		
14	20,44	100	2920,32		
15	21,90	1000	29203,20		
16	23,36				

MESURE DES BOIS DE CHARPENTE.

LE mètre cube est substitué à la solive.

La solive évaluée en mètre cube vaut 0,10273 mt. cub.

	mt. cub.			mt. cub.
1 Pied-solive vaut....	0,01712	4 Pouces-sol. valent..		0,00570
2 valent.............	0,03424	5		0,00713
3	0,05136	6		0,00856
4	0,06850	7		0,00998
5	0,08563	8		0,01141
1 Pouce-solive vaut..	0,00142	9		0,01283
2 valent.............	0,00285	10		0,01426
3	0,00428	11		0,01569

D

Moyen de réduire une solidité exprimée en solives, piéds et pouces, à être exprimée en mètres cubes.

Multipliez le nombre de solives par 0,10273, et prenez pour les pieds et pouces les nombres correspondans dans la table.

Exemple.

Soit à réduire en mètres cubes 154 sol. 5 p.ds 8 po.

mt. cub.

154 multiplié par 0,10273, donne.............................. 15,82042

5 pieds-solive, donnent.. 0,08563

8 pouces-solive... 0,01141

Total..................... 15,91746.

Réduction d'un nombre de mètres cubes en solives.

Le mètre cube en solives vaut 9 sol. 4 p.ds 4 po. 10 lig.

Dixièmes de mètre cube.	Soliv.	Pds.	pouc.	lig.
1 vaut............	0	5	10	1
2 valent.........	1	5	8	2
3	2	4	6	3
4	3	5	4	4
5	4	5	2	5
6	5	2	0	6
7	6	4	10	7
8	7	4	8	8
9	8	1	6	9

Centièmes de mètre cube.	Soliv.	Pds.	pouc.	lig.	
1 vaut........	0	0	6	11	9
2 valent	0	1	1	11	6
3	0	1	8	11	3
4	0	2	3	11	0
5	0	2	11	0	5
6	0	3	5	10	6
7	0	4	0	10	3
8	0	4	7	10	0
9	0	5	2	9	0

Exemple.

mt. cub.

Réduire 18,37 en solives. Je multiplie 9 soliv. 4 pieds 4 pouc. 10 lign.,

	Solives.	pieds.	pouc.	lgn.
par 18, et j'ai............................	165	1	3	0
Pour 0,3	2	4	6	3
Pour 0,07	0	4	0	10
Total...............	168	3	10	1

TABLE

Pour trouver le prix du *mètre cube* par celui de la solive.				Pour trouver le prix de la *solive* par celui du mètre cube.	
La Solive valant	Le Mt. cub. vaut	La Solive valant	Le Mt. cub. vaut	Le Mètre cube valant	La Solive vaut
sous.	fr.	sous.	fr.	fr.	fr.
1	0,49	17	8,27	1	0,10
2	0,97	18	8,76	2	0,21
3	1,46	19	9,24	3	0,31
4	1,95	1 fr	9,73	4	0,41
5	2,43	2	19,47	5	0,51
6	2,92	3	29,20	6	0,61
7	3,40	4	38,94	7	0,72
8	3,89	5	48,67	8	0,82
9	4,38	6	58,38	9	0,93
10	4,86	7	68,14	10	1,03
11	5,35	8	77,87	100	10,27
12	5,84	9	87,61	1000	102,73
13	6,32	10	97,34		
14	6,81	100	973,40		
15	7,29	1000	9734,00		
16	7,78				

MESURE DES BOIS DE CHAUFFAGE.

LE mètre cube est l'unité de mesure des bois de chauffage. Il prend alors le nom de *Stère* ; il contient 29 pieds cubes et un cinquième. Il y aura des *stères* et des *doubles stères*.

L'aire de la membrure devra être combinée avec la longueur de la buche, pour qu'elle contienne un stère ou un double stère.

Voici une table des hauteurs d'une membrure d'un mètre de couche, pour toutes les longueurs de buches en usage dans le département de la Marne.

Pour former un stère avec du bois de 28 pouces, la membrure ayant un mètre de long, la hauteur doit être de......... 1,31 m:t.

29	1,27
30	1,23
36	1,03
42	0,88
43 ½	0,86
44	0,84
45	0,82
46	0,80
48	0,77
54	0,68
66	0,565

TABLE

Pour trouver le prix des Stères *par celui des Anneaux.*

St.
Anneau de Châlons, de 0,44, sans les témoins.

l'anneau valant (fr.)	le stère vaut (fr.)	l'anneau valant (fr.)	le stère vaut (fr.)
1	2,26	6	13,57
2	4,52	7	15,83
3	6,79	8	18,10
4	9,05	9	20,36
5	11,31	10	22,62

St.
Anneau de 0,588 en usage à Vertus.

l'anneau valant (fr.)	le stère vaut (fr.)	l'anneau valant (fr.)	le stère vaut (fr.)
1	1,70	6	10,21
2	3,40	7	11,91
3	5,10	8	13,61
4	6,80	9	15,31
5	8,50	10	17,01

St.
Anneau de 0,749 en usage à Jalons, Épernay, Vertus, Avize et Ablois.

l'anneau valant (fr.)	le stère vaut (fr.)	l'anneau valant (fr.)	le stère vaut (fr.)
1	1,33	6	8,01
2	2,67	7	9,34
3	4,00	8	10,68
4	5,34	9	12,01
5	6,67	10	13,35

St.
Anneau de 1,786 en usage à Ville-en-Tardenois et Chamery.

l'anneau valant (fr.)	le stère vaut (fr.)	l'anneau valant (fr.)	le stère vaut (fr.)
1	0,56	6	3,36
2	1,12	7	3,92
3	1,68	8	4,48
4	2,24	9	5,04
5	2,80	10	5,60

Anneau de 1,498 en usage à Juvigny, et Verzy.

l'anneau valant	le stère vaut	l'anneau valant	le stère vaut
fr.	fr.	fr.	fr.
1	0,67	6	4,02
2	1,33	7	4,69
3	2,00	8	5,36
4	2,67	9	6,03
5	3,35	10	6,68

Anneau de 1,569 en usage à Beaumont.

l'anneau valant	le stère vaut	l'anneau valant	le stère vaut
fr.	fr.	fr.	fr.
1	0,64	6	3,82
2	1,27	7	4,46
3	1,91	8	5,10
4	2,55	9	5,74
5	3,19	10	6,37

Anneau de 0,783 en usage à Reims, et St.-Brice.

l'anneau valant	le stère vaut	l'anneau valant	le stère vaut
fr.	fr.	fr.	fr.
1	1,28	6	7,66
2	2,55	7	8,94
3	3,83	8	10,22
4	5,11	9	11,49
5	6,38	10	12,77

Anneau de 0,669 en usage à Épernay.

l'anneau valant	le stère vaut	l'anneau valant	le stère vaut
fr.	fr.	fr.	fr.
1	1,49	6	8,88
2	2,99	7	10,46
3	4,48	8	11,96
4	5,98	9	13,45
5	7,47	10	14,95

Anneau de 1,674 en usage à Gueux et Louvois.

l'anneau valant	le stère vaut	l'anneau valant	le stère vaut
fr.	fr.	fr.	fr.
1	0,60	6	3,58
2	1,19	7	4,18
3	1,79	8	4,78
4	2,39	9	5,20
5	2,99	10	5,97

Anneau de 1,676 en usage à Ay.

l'anneau valant	le stère vaut	l'anneau valant	le stère vaut
fr.	fr.	fr.	fr.
1	0,57	6	3,42
2	1,14	7	3,99
3	1,71	8	4,56
4	2,28	9	5,13
5	2,85	10	5,70

Anneau de 1,548 en usage à Rilly et à ...

l'anneau valant	le stère vaut	l'anneau valant	le stère vaut
fr.	fr	fr.	fr.
1	0,65	6	3,88
2	1,29	7	4,52
3	1,94	8	5,17
4	2,58	9	5,81
5	3,23	10	6,46

Anneau de 1,639 en usage à Hautvillers

l'anneau valant	le stère vaut	l'anneau valant	le stère vaut
fr.	fr.	fr.	fr.
1	0,61	6	3,66
2	1,22	7	4,27
3	1,82	8	4,88
4	2,44	9	5,49
5	3,05	10	6,10

St.

Anneau de 0,785 en usage à Montmort.

l'anneau valant fr.	le stère vaut fr.	l'anneau valant fr.	le stère vaut fr.
1	1,27	6	7,64
2	2,55	7	8,92
3	3,82	8	10,19
4	5,10	9	11,47
5	6,37	10	12,74

TABLE

Pour trouver le prix du Stère par celui de la Corde.

St.

Corde de 2,996 , en usage à Châlons.

la corde valant fr.	le stère vaut fr.	la corde valant fr.	le stère vaut fr.
1	0,33	10	3,34
2	0,67	15	5,01
3	1,00	20	6,68
4	1,34	25	8,35
5	1,67	30	10,02

St.

Corde de 1,918 en usage à Pogny , Cloyes, Loisy-sur-Marne et St. Amand.

la corde valant fr.	le stère vaut fr.	la corde valant fr.	le stère vaut fr.
1	0,52	10	5,21
2	1,04	15	7,82
3	1,57	20	10,43
4	2,09	25	13,04
5	2,61	30	15,64

St.

Corde des Eaux et Forêts , de 3,835.

la corde valant fr.	le stère vaut fr.	la corde valant fr.	le stère vaut fr.
1	0,26	10	2,61
2	0,52	15	3,91
3	0,78	20	5,22
4	1,04	25	6,52
5	1,30	30	7,82

St.

Corde de 2,093 en usage à Ste. Menéhould et Courtisols.

la corde valant fr.	le stère vaut fr.	la corde valant fr.	le stère vaut fr.
1	0,48	10	4,77
2	0,95	15	7,16
3	1,43	20	9,55
4	1,91	25	11,94
5	2,39	30	14,31

St.
Corde de 2,564 en usage à Verrières et Charmont.

la corde valant	le stère vaut	la corde valant	le stère vaut
fr.	fr.	fr.	fr.
1	0,39	10	3,90
2	0,78	15	5,85
3	1,17	20	7,80
4	1,56	25	9,75
5	1,95	30	11,70

St.
Corde de 5,337 en usage à Ville-en-Tardenois.

la corde valant	le stère vaut	la corde valant	le stère vaut
fr.	fr.	fr.	fr.
1	0,19	10	1,87
2	0,37	15	2,80
3	0,56	20	3,73
4	0,75	25	4,66
5	0,93	30	5,60

St.
Corde de 2,14 en usage à Charmont, Passavant et St. Mard-sur-le-mont.

la corde valant	le stère vaut	la corde valant	le stère vaut
fr.	fr.	fr.	f.
1	0,47	10	4,67
2	0,93	15	7,01
3	1,40	20	9,34
4	1,87	25	11,68
5	2,34	30	14,01

St.
Corde de 3,467 en usage à Aubérive.

la corde valant	le stère vaut	la corde valant	le stère vaut
fr.	fr.	fr.	fr
1	0,29	10	2,88
2	0,58	15	4,32
3	0,87	20	5,76
4	1,16	25	7,20
5	1,44	30	8,64

St.
Corde de 2,663 en usage à la Neuville-au-pont et Vienne-le-château.

la corde valant	le stère vaut	la corde valant	le stère vant
fr.	fr.	fr.	fr.
1	0,37	10	3,75
2	0,75	15	5,63
3	1,12	20	7,50
4	1,15	25	9,38
5	1,88	30	11,25

St.
Corde de 5,493 en usage à Damery.

la corde valant	le stère vaut	la corde valant	le stère vaut
fr.	fr.	fr.	fr.
1	0,18	10	1,82
2	0,36	15	2,73
3	0,55	20	3,64
4	0,73	25	4,55
5	0,91	30	5,46

St.
Corde de 1,997 en usage à Vienne-le-château, Ville-sur-Tourbe et Sermaize.

la corde valant	le stère vaut	la corde valant	le stère vaut
fr.	fr.	fr.	fr.
1	0,50	10	5,00
2	1,00	15	7,56
3	1,50	20	10,00
4	2,00	25	12,50
5	2,50	30	15,00

St.
Corde de 4,794 en usage à Châtillon.

la corde valant	le stère vaut	la corde valant	le stère vaut
fr.	fr.	fr.	f.
1	0,21	10	2,08
2	0,41	15	3,12
3	0,62	20	4,17
4	0,83	25	5,21
5	1,04	30	6,25

St.
Corde de 2,234 en usage à Reims.

la corde valant fr.	le stère vaut fr.	la corde valant fr.	le stère vaut fr.
1	0,45	10	4,47
2	0,89	15	6,71
3	1,34	20	8,95
4	1,79	25	11,19
5	2,14	30	13,42

St.
Corde de 4,018 en usage à Sézanne, Fismes, Faverolles, Cormici, Anglure et Gueux.

la corde valant fr.	le stère vaut fr.	la corde valant fr.	le stère vaut fr.
1	0,25	10	2,49
2	0,50	15	3,73
3	0,75	20	4,97
4	0,99	25	6,21
5	1,24	30	7,46

St.
Corde de 2,11 en usage à Bourgogne.

la corde valant fr.	le stère vaut fr.	la corde valant fr.	le stère vaut fr.
1	0,47	10	4,71
2	0,94	15	7,06
3	1,21	20	9,41
4	1,88	25	11,76
5	2,35	30	14,13

St.
Corde de 3,376 en usage à St. Thierry.

la corde valant fr.	le stère vaut fr.	la corde valant fr.	le stère vaut fr.
1	0,29	10	2,94
2	0,59	15	4,41
3	0,88	20	5,88
4	1,18	25	7,35
5	1,47	30	8,82

St.
Corde de 3,424 en usage à Châtillon.

la corde valant fr.	le stère vaut fr.	la corde valant fr.	le stère vaut fr.
1	0,29	10	2,91
2	0,58	15	4,37
3	0,87	20	5,83
4	1,17	25	7,29
5	1,46	30	8,74

St.
Corde de 4,874 en usage à Châtillon.

la corde valant fr.	le stère vaut fr.	la corde valant fr.	le stère vaut fr.
1	0,20	10	2,05
2	0,41	15	3,10
3	0,61	20	4,10
4	0,82	25	5,15
5	1,05	30	6,16

St.
Corde de 4,8,8 en usage à Dormans.

la corde valant fr.	le stère vaut fr.	la corde valant fr.	le stère vaut fr.
1	8,21	10	2,08
2	0,41	15	3,12
3	0,62	20	4,15
4	0,83	25	5,19
5	1,04	30	6,23

St.
Corde de 4,954 en usage à Ablois.

la corde valant fr.	le stère vaut fr.	la corde valant fr.	le stère vaut fr.
1	0,20	10	2,02
2	0,40	15	3,03
3	0,61	20	4,04
4	0,81	25	5,05
5	1,01	30	6,04

Corde

St.
Corde de 2,74 en usage à Vitry.

la corde valant (fr.)	le stère vaut (fr.)	la corde valant (fr.)	le stère vaut (fr.)
1	0,36	10	3,65
2	0,73	15	5,47
3	1,09	20	7,31
4	1,46	25	9,13
5	1,82	30	10,95

St.
Corde de 2,399 en usage à Étrépy.

la corde valant (fr.)	le stère vaut (fr.)	la corde valant (fr.)	le stère vaut (fr.)
1	0,42	10	4,17
2	0,83	15	6,25
3	1,25	20	8,34
4	1,66	25	10,42
5	2,08	30	12,50

St.
Corde de 2,191 en us. à Vitry-en-Perthois.

la corde valant (fr.)	le stère vaut (fr.)	la corde valant (fr.)	le stère vaut (fr.)
1	0,46	10	4,56
2	0,91	15	6,84
3	1,37	20	9,13
4	1,63	25	11,41
5	2,28	30	13,69

St.
Corde de 1,689 en usage à Étrépy.

la corde valant (fr.)	le stère vaut (fr.)	la corde valant (fr.)	le stère vaut (fr.)
1	0,59	10	5,92
2	1,08	15	8,88
3	1,78	20	11,84
4	2,37	25	14,80
5	2,96	30	17,76

St.
Corde de 2,497 en usage à Bassuet.

la corde valant (fr.)	le stère vaut (fr.)	la corde valant (fr.)	le stère vaut (fr.)
1	0,40	10	4,00
2	0,80	15	6,00
3	1,20	20	8,00
4	1,60	25	10,00
5	2,00	30	12,00

St.
Corde de 1,931 en usage à Étrépy.

la corde valant (fr.)	le stère vaut (fr.)	la corde valant (fr.)	le stère vaut (fr.)
1	0,52	10	5,18
2	1,03	15	7,77
3	1,55	20	10,36
4	2,07	25	12,95
5	2,59	30	15,53

St.
Corde de 2,283 en usage à Vauault-les-dam.

la corde valant (fr.)	le stère vaut (fr.)	la corde valant (fr.)	le stère vaut (fr.)
1	0,44	10	4,38
2	0,88	15	6,57
3	1,31	20	8,76
4	1,75	25	10,95
5	2,19	30	13,44

St.
Corde de 3,014 en usage à Cloyes.

la corde valant (fr.)	le stère vaut (fr.)	la corde valant (fr.)	le stère vaut (fr.)
1	0,33	10	3,32
2	0,66	15	4,98
3	1,00	20	6,65
4	1,33	25	8,31
5	1,66	30	9,67

E

St.
Corde de 2,077 en usage à Thiéblemont.

la corde valant (fr.)	le stère vaut (fr.)	la corde valant (fr.)	le stère vaut (fr.)
1	0,48	10	4,81
2	0,96	15	7,22
3	1,24	20	9,63
4	1,93	25	12,04
5	2,41	30	14,44

St.
Corde de 4,283 en usage à Montmirail.

la corde valant (fr.)	le stère vaut (fr.)	la corde valant (fr.)	le stère vaut (fr.)
1	0,23	10	2,33
2	0,47	15	3,50
3	0,70	20	4,67
4	0,93	25	5,84
5	1,17	30	7,00

St.
Corde de 3,215 en usage à Lignon.

la corde valant (fr.)	le stère vaut (fr.)	la corde valant (fr.)	le stère vaut (fr.)
1	0,31	10	3,11
2	0,62	15	4,66
3	0,93	20	6,22
4	1,24	25	7,77
5	1,55	30	9,33

St.
Corde de 2,889 en usage à Courdemanges.

la corde valant (fr.)	le stère vaut (fr.)	la corde valant (fr.)	le stère vaut (fr.)
1	0,35	10	3,46
2	0,69	15	5,19
3	1,04	20	6,92
4	1,38	25	8,65
5	1,73	30	10,39

St.
Corde de 2,732 en usage à St. Remy.

la corde valant (fr.)	le stère vaut (fr.)	la corde valant (fr.)	le stère vaut (fr.)
1	0,37	10	3,66
2	0,73	15	5,49
3	1,10	20	7,32
4	1,46	25	9,15
5	1,83	30	10,98

St.
Corde de 4,108 en usage à Broyes.

la corde valant (fr.)	le stère vaut (fr.)	la corde valant (fr.)	le stère vaut (fr.)
1	0,24	10	2,43
2	0,49	15	3,45
3	0,73	20	4,87
4	0,97	25	5,89
5	1,02	30	7,30

St.
Corde de 2,167 en usage à Courdemanges.

la corde valant (fr.)	le stère vaut (fr.)	la corde valant (fr.)	le stère vaut (fr.)
1	0,46	10	4,61
2	0,92	15	6,92
3	1,38	20	9,32
4	1,85	25	11,63
5	2,31	30	13,84

St.
Corde de 4,247 en usage à Esternay.

la corde valant (fr.)	le stère vaut (fr.)	la corde valant (fr.)	le stère vaut (fr.)
1	0,23	10	2,35
2	0,47	15	3,52
3	0,71	20	4,71
4	0,94	25	5,89
5	1,18	30	6,76

St.
Corde de 2,557 en usage à Courgivaux.

la corde valant fr.	le stère vaut fr.	la corde valant fr.	le stère vaut fr.
1	0,39	10	3,91
2	0,78	15	5,87
3	1,17	20	8,02
4	1,56	25	9,97
5	1,95	30	11,73

St.
Corde de 5,057 en usage à Marcilly.

la corde valant fr.	le stère vaut fr.	la corde valant fr.	le stère vaut fr.
1	0,20	10	1,98
2	0,40	15	2,97
3	0,59	20	3,96
4	0,79	25	4,95
5	0,99	30	5,93

St.
Corde de 5,298 en usage à St. Just.

la corde valant fr.	le stère vaut fr.	la corde valant fr.	le stère vaut fr.
1	0,19	10	1,89
2	0,38	15	2,83
3	0,57	20	3,77
4	0,75	25	4,71
5	0,94	30	5,70

Proposé par la Commission des poids et mesures près l'Administration centrale du département de la Marne.

A Châlons, le 1.er jour complémentaire, an 7.e de la République française, une et indivisible.

Signé HURAULT, LALLEMANT, GOBERT, ALLAIZE et LE MOINE-VILLARSY.

L'ADMINISTRATION CENTRALE du département de la Marne,

Vu le projet d'*instruction sur les nouvelles mesures de longueur, de surface et de solidité*, proposé par la commission des poids et mesures ;

La proclamation du Directoire exécutif, du 28 messidor an VII, et les lettres du Ministre de l'intérieur, des 17 thermidor suivant et 2 vendémiaire présent mois ;

Le Commissaire du Directoire exécutif entendu,

ADOPTE le travail proposé par ses commissaires, et arrête qu'il sera imprimé et distribué conformément à la proclamation du Directoire exécutif dudit jour 28 messidor dernier.

Fait à Châlons, le 6 vendémiaire, an VIII de la République française, une et indivisible.

Signé en la minute CLÉMENT, *président;* GOBERT, LEROY, CARRÉ *et* GAMBET, *administrateurs;* DROUET, *commissaire du Directoire exécutif;* et PETIT, *secrétaire en chef.*

Pour expédition conforme, *le secrétaire en chef de l'Administration centrale du département de la Marne,* PETIT.